T/CAGHP 017—2018

目　次

前言 .... Ⅲ
1 范围 1
2 术语和定义 1
3 总则 1
　3.1 地质灾害调查与区划内容 1
　3.2 基本要求 2
4 设计编制 2
　4.1 基本要求 2
5 野外调查 2
　5.1 调查内容 2
　5.2 野外调查记录要求 9
　5.3 野外调查记录形式 12
　5.4 工作手图和清图填绘要求 12
6 地质灾害群测群防网络建设 13
　6.1 群众监测网络建设 13
　6.2 群专结合的预报预警系统建设 13
7 室内资料分析和整理 14
　7.1 基本要求 14
　7.2 地质灾害易发区划分 14
　7.3 重点防治区确定 16
　7.4 成果图件编制 16
　7.5 成果报告编制 17
　7.6 报告附件编制 17
附录 A（规范性附录） 设计书编写提纲 18
附录 B（规范性附录） 地质灾害调查表 20
附录 C（规范性附录） 村（居民点）地质灾害调查情况统计表 34
附录 D（规范性附录） 成果报告编写提纲 35
附录 E（规范性附录） 防治区划报告编写提纲 37
附录 F（规范性附录） 地质灾害隐患点防灾预案表 38
附录 G（规范性附录） 县（市）地质灾害调查情况统计表 39

前　言

本规范按照 GB/T 1.1—2009《标准化工作导则　第 1 部分:标准的结构和编写》给出的规则起草。

本规范附录 A～附录 G 为规范性附录。

本规范由中国地质灾害防治工程行业协会提出并归口。

本规范起草单位:中国地质环境监测院。

本规范主要起草人:中国地质环境监测院。

本规范由中国地质灾害防治工程行业协会负责解释。

T/CAGHP 017—2018

县(市)地质灾害调查与区划规范(试行)

1 范围

本规范规定了县(市)地质灾害调查的任务、调查内容、基本方法以及成果编制与验收等要求。

本规范适用于滑坡、崩塌、泥石流、地面塌陷、地裂缝、地面沉降六类地质灾害以及不稳定斜坡的县(市)区域调查。

2 术语和定义

下列术语和定义适用于本规范。

2.1
地质灾害 geological disaster

由自然因素或人为活动引发的危害人民生命和财产安全的滑坡、崩塌、泥石流、地面塌陷、地裂缝、地面沉降等与地质作用有关的灾害。

2.2
地质灾害隐患 potential of geological disaster

可能危害人民生命和财产安全的不稳定斜坡、潜在滑坡、潜在崩塌、潜在泥石流和潜在地面塌陷,以及已经发生但目前还不稳定的滑坡、崩塌、泥石流、地面塌陷。

2.3
地质灾害灾情 loss caused by geological disaster

地质灾害造成的人员伤亡和直接经济损失。

2.4
地质灾害险情 potantial loss under geological disaster

地质灾害隐患威胁的人数和威胁财产数(潜在经济损失)。

2.5
地质灾害易发区 zonation of geological disaster susceptibility

具备地质灾害发生的地质构造、地形地貌和气候条件,容易或者可能发生地质灾害的区域。

3 总则

3.1 地质灾害调查与区划内容

3.1.1 对城镇、厂矿、村庄、风景名胜区、重要交通干线和重要工程设施分布区不稳定斜坡(变形斜坡)、泥石流潜在发育区以及潜在地面塌陷区进行调查,并对其稳定程度和潜在危害(险情)进行初步评价。对已发生的滑坡、崩塌、泥石流、地面塌陷、地裂缝、地面沉降等地质灾害点进行调查,查清其分布范围、规模、结构特征、影响因素、引发因素、灾情等,并对其稳定性及潜在危害性(险情)进行评价。

3.1.2 划定地质灾害易发区。
3.1.3 开展地质灾害防治区划。
3.1.4 建立地质灾害信息系统。

3.2 基本要求

3.2.1 地质灾害调查应在充分收集、利用已有资料的基础上进行。收集资料内容包括与地质灾害形成条件相关的气象水文、地形地貌、地质构造、区域构造、第四纪地质、水文地质条件、生态环境以及人类活动与社会经济发展计划等。

3.2.2 地质灾害调查的主要内容包括不稳定斜坡、滑坡、崩塌、泥石流、地面塌陷、地裂缝、地面沉降。根据工作区实际情况，可以增加其他种类的地质灾害调查内容。

3.2.3 对于前人文献已有记载的以及当地群众和有关部门报告的地质灾害点，应逐一进行调查；对于具有地质灾害发生条件区域内的居民点，有无地质灾害都应进行地质灾害调查；对于据地质条件判断可能遭受地质灾害威胁的一般居民点，也应进行调查。

3.2.4 地质灾害调查应做到"一点一卡"。按照卡片要求的内容逐一填写，对地质灾害的主要要素描述不得遗漏。

3.2.5 地质灾害调查应按照统一的格式要求建立相应的信息系统。

3.2.6 承担调查任务的单位须编制调查设计书，并经有关部门审查通过后实施。

3.2.7 地质灾害调查与区划成果资料(含文字报告、图件、附件、附表和有关原始资料等)均以纸介质和电子文档(光盘)两种形式汇交。所汇交的资料均应严格按照有关规定、标准复制。光盘数据资料，应与纸介质成果资料内容一致。

3.2.8 每个县(市)地质灾害调查工作应在一个水文年内完成。

4 设计编制

4.1 基本要求

4.1.1 设计书应充分收集前人资料，包括省(自治区、直辖市)、市(州)、县三级地质灾害年度防治预案和应急防灾减灾工作资料，并进行综合研究，使设计书有充分的依据和可操作性，确保调查成果的质量。

4.1.2 设计书应充分了解地方国民经济建设与社会发展情况，以及对地质灾害防灾减灾的需求和要求，设计书中调查工作目的明确，针对性强。

4.1.3 设计书应符合有关标准、规范、规定、条例及要求，内容完整，重点突出，附图附表齐全。设计书提纲见附录 A。

5 野外调查

5.1 调查内容

5.1.1 不稳定斜坡调查内容

调查的内容包括：构成斜坡的地层岩性、风化程度、厚度、软弱夹层岩性及产状；断裂、节理、裂隙发育特征及产状；风化残坡积层岩性、厚度；山坡坡型、坡度、坡向和坡高；岩(土)体中结构面与斜坡坡向的组合关系；不稳定斜坡与建筑物的平面关系。调查斜坡周围，特别是斜坡上部暴雨、地表水渗入或地下水对斜坡稳定的影响、人为工程活动对斜坡的破坏情况等。对可能构成崩塌、滑坡的结构面的边界条件、坡体异常情况等进行调查分析,以此判断斜坡发生崩塌、滑坡、泥石流等地质灾害的危险性及可能的影响范围。

有下列情况之一者,应视为该斜坡具备失稳条件:
- a) 各种类型的危岩体。
- b) 斜坡岩体中有倾向坡外、倾角小于坡角的结构面存在。
- c) 斜坡被两组或两组以上结构面切割,形成不稳定棱体,其底棱线倾向坡外,且倾角小于斜坡坡角。
- d) 斜坡后缘已产生拉裂缝。
- e) 顺坡走向卸荷裂隙发育的高陡斜坡或凹腔深度大于裂隙带。
- f) 岸边裂隙发育、表层岩体已发生蠕动或变形的斜坡。
- g) 坡脚或坡基存在缓倾的软弱层。
- h) 位于库岸或河岸水位变动带,渠道沿线或地下水溢出带附近,工程建成后可能经常处于浸湿状态的软质岩石或第四系沉积物组成的斜坡。
- i) 其他可根据地貌、地质特征分析或用图解法初步判定为可能失稳的斜坡。

斜坡稳定性调查表(附录B表B.1)中有关栏目填写要求见表1。

表1 《斜坡稳定性调查表》填写说明

条目	填写内容
名称	以距离调查点最近的地名命名
地理位置	详细到乡、村、组(社),地理坐标以调查范围的中心点为准,在地形图上量取
野外编号	以所在的县(市)名称汉语拼音的声母加上调查表的顺序号作为野外编号。如:巴东县BD1、BD2、……,攀枝花市PZH1、PZH2、……
室内编号	按邮政编码方式(地质灾害信息系统建设数据编码要求)编码
成因时代	第四系地层时代代号加成因代号,如第四系全新统坡积物代号为Q_4^{dl};基岩标注到组,如侏罗系蓬莱镇组代号为J_{3p}
产状	用倾向、倾角表示,如:倾向125°、倾角30°,表示为125°∠30°
地震烈度	可用国家地震局1990年编制的50年内超越概率为10%的地震烈度区划数据
微地貌	>60°为陡崖,25°~60°为陡坡,8°~25°为缓坡,≤8°为平台
坡形	指斜(边)坡剖面形态,分为凸形、凹形、线形、阶状等形态
坡向	指主体坡面倾向,用方位角表示
构造部位	指与调查点附近主要构造的关系,如某断层的上盘、下盘或断裂带上;某背斜、向斜的某翼、轴部或倾伏端等
土地使用	填写调查点及其附近的土地使用现状
结构类型	分为块体状、块状、层状和软弱基座4种基本类型;层状斜坡结构根据岩层(或其他结构面)倾角大小及与坡面的关系可再分为顺向坡、逆向坡、斜向坡、横向坡和近水平岩层斜坡5个亚型;顺向坡还可再细分为缓倾顺向坡和陡顺向坡
控滑结构面类型	分为层理面、片(劈)理面、节理裂隙面、松散盖层与基岩接触面、泥化夹层、层内错动带、构造错动带、断层、老滑坡面等
密实度	分为密实、中密、稍密、松散4级

5.1.2 滑坡调查内容

滑坡调查包括滑坡范围、滑坡区域地质环境条件、滑坡体上滑动迹象和特征、滑坡体物质组成、滑坡体上及其邻近建(构)筑物变形特征。

a) 调查的范围应包括滑坡区及其邻近稳定地段,一般包括滑坡后壁外一定距离(滑坡滑动会影响和危害的区域),滑坡体两侧自然沟谷和滑坡舌前缘一定距离或江、河、湖水边。

b) 注意查明滑坡的发生与地层结构、岩性、断裂构造(岩体滑坡尤为重要)、地貌及其演变、水文地质条件、地震和人为活动因素的关系,找出引起滑坡或滑坡复活的主导因素。

c) 调查滑坡体上各种裂缝的分布特征,发生的先后顺序、切割和组合关系,分清裂缝的力学属性,如拉张、剪切、鼓胀裂缝等,作为滑坡体平面上分块、分条和纵剖面分段的依据,分析滑坡的形成机制。

d) 通过裂缝的调查,分析判断滑动面的深度和倾角大小。

e) 对岩体滑坡应注意调查缓倾角的层理面、层间错动面、不整合面、假整合面、断层面、节理面和片理面等,分析这些结构面的倾向与坡向一致性,判断是否可能发展成为滑动面。对土体滑坡,首先应调查土层与岩层的接触面构成的滑带形态特征及控制因素,其次应调查土体内部岩性差异界面。

f) 调查滑动体上或其邻近的建(构)筑物(包括支挡和排水构筑物)的裂缝,但应注意区分滑坡引起的裂缝与施工裂缝、填方基础不均匀沉降裂缝、自重与非自重黄土湿陷裂缝、膨胀土裂缝、温度裂缝和冻胀裂缝的差异,避免误判。

g) 调查滑带水和地下水情况,泉水出露地点及流量,地表水自然排泄沟渠的分布和断面,湿地的分布和变迁情况等。

h) 围绕判断是首次滑动的新生滑坡还是再次滑动的古(老)滑坡进行调查。古(老)滑坡的识别标志见表2。

i) 当地整治滑坡的经验和教训。

j) 调查滑坡已经造成的损失,滑坡进一步发展的影响范围及潜在损失。

滑坡(潜在滑坡)调查表见附录B表B.2。

表 2 古(老)滑坡的识别标志

标志		内容	等级
类别	亚类		
形态	宏观形态	1. 圈椅状地形	B
		2. 双沟同源地貌	B
		3. 坡体后缘出现洼地	C
		4. 大平台地形(与外围不一致、非河流阶地、非构造平台或风化差异平台)	C
		5. 不正常河流弯道	C
	微观形态	6. 反倾向台面地形	C
		7. 小台阶与平台相间	C
		8. 马刀树或醉汉林	C
		9. 坡体前方、侧边出现擦痕面、镜面(非构造成因)	A
		10. 浅部表层坍滑广泛	C

表 2 古(老)滑坡的识别标志(续)

标志		内容	等级
类别	亚类		
地层	老地层变动	11. 明显的产状变动(排除了别的原因)	B
		12. 架空、松弛、破碎	C
		13. 大段孤立岩体掩覆在新地层之上	A
		14. 大段变形岩体位于土状堆积物之中	B
	新地层变动	15. 变形、变位岩体被新地层掩覆	C
		16. 山体后部洼地内出现局部湖相地层	B
		17. 变形、变位岩体上掩覆湖相地层	C
		18. 上游方出现湖相地层	C
变形等		19. 古墓、古建筑变形	C
		20. 构成坡体的岩土结构零乱、强度低	B
		21. 开挖后易坍滑	C
		22. 斜坡前部地下水呈线状出露、湿地	C
		23. 古树等被掩埋	C
历史记载访问材料		24. 发生过滑坡的记载和口述	A
		25. 发生过变形的记载和口述	C

注：A 级标志,可单独判别为属古、老滑坡；两个 B 级标志或一个 B 级、两个 C 级标志,或 4 个 C 级标志可判别为古、老滑坡。迹象越多,则判别的可靠性越高。

5.1.3 崩塌调查内容

5.1.3.1 危岩体调查应包括下列内容：
a) 危岩体位置、形态、分布高程、规模。
b) 危岩体及周边的地质构造、地层岩性、地形地貌、岩(土)体结构类型、斜坡结构类型。岩(土)体结构应初步查明软弱(夹)层、断层、褶曲、裂隙、裂缝、临空面、侧边界、底界(崩滑带)以及它们对危岩体的控制和影响。
c) 危岩体及周边的水文地质条件和地下水赋存特征。
d) 危岩体周边及底界以下地质体的工程地质特征。
e) 危岩体变形发育史,包括历史上危岩体形成的时间,危岩体发生崩塌的次数、发生时间,崩塌前兆特征、崩塌方向、崩塌运动距离、堆积场所、崩塌规模、引发因素,变形发育史、崩塌发育史、灾情等。
f) 危岩体成因的动力因素,包括降雨、河流冲刷、地面及地下开挖、采掘等因素的强度、周期以及它们对危岩体变形破坏的作用和影响。在高陡临空地形条件下,对于由崖下硐掘型采矿引起山体开裂形成的危岩体,应详细调查采空区的面积、采高、分布范围、顶底板岩性结构、开采时间、开采工艺、矿柱和保留条带的分布,地压现象(底鼓、冒顶、片帮、鼓帮、开裂、压碎、支架位移破坏等)、地压显示与变形时间,地压监测数据和地压控制与管理办法,研究采矿对危岩体形成与发展的作用和影响。

g) 分析危岩体崩塌的可能性,初步划定危岩体崩塌可能造成的灾害范围。

h) 危岩体崩塌后可能的运移斜坡,在不同崩塌体积条件下崩塌运动的最大距离。在峡谷区,要重视气垫浮托效应和折射回弹效应的可能性及由此造成的特殊运动特征与危害。

i) 危岩体崩塌可能到达并堆积的场地的形态、坡度、分布、高程、地层岩性与产状及该场地的最大堆积容量。在不同体积条件下,崩塌块石越过该堆积场地向下运移的可能性,最终堆积场地。

j) 调查崩塌已经造成的损失,崩塌进一步发展的影响范围及潜在损失。

5.1.3.2 已有崩塌堆积体调查应包括下列内容:

a) 崩塌源的位置、高程、规模、地层岩性、岩(土)体工程地质特征及崩塌产生的时间。

b) 崩塌体运移斜坡的形态、地形坡度、粗糙度、岩性、起伏差,崩塌方式、崩塌块体的运动路线和运动距离。

c) 崩塌堆积体的分布范围、高程、形态、规模、物质组成、分选情况、植被生长情况、块度、结构、架空情况和密实度。

d) 崩塌堆积床形态、坡度、岩性和物质组成、地层产状。

e) 崩塌堆积体内地下水的分布和运移条件。

f) 评价崩塌堆积体自身的稳定性和在上方崩塌体冲击荷载作用下的稳定性,分析在暴雨等条件下向泥石流、崩塌转化的条件和可能性。

崩塌(潜在崩塌)调查表见附录B表B.3。

5.1.4 泥石流调查内容

泥石流调查范围应包括沟谷至分水岭的全部地段和可能受泥石流影响的地段,主要包括泥石流的形成区、流通区、堆积区。泥石流调查应包括下列内容:

a) 冰雪融化和暴雨强度、前期降雨量、一次最大降雨量,一般及最大流量,地下水活动情况。

b) 地层岩性、地质构造、不良地质现象、松散堆积物的物质组成、分布和储量。

c) 沟谷的地形地貌特征,包括沟谷的发育程度、切割情况、坡度、弯曲、粗糙程度。划分泥石流的形成区、流通区和堆积区,圈绘整个沟谷的汇水面积。

d) 形成区的水源类型、水量、汇水条件、山坡坡度、岩层性质及风化程度,断裂、滑坡、崩塌、岩堆等不良地质现象的发育情况及可能形成泥石流固体物质的分布范围、储量。

e) 流通区的沟床纵横坡度、跌水、急湾等特征,沟床两侧山坡坡度、稳定程度,沟床的冲淤变化和泥石流的痕迹。

f) 堆积区的堆积扇分布范围、表面形态、纵坡,植被,沟道变迁和冲淤情况;堆积物的性质、层次、厚度、一般和最大粒径及分布规律。判定堆积区的形成历史、划分古泥石流扇和新泥石流扇,新泥石流扇的堆积速度,估算一次最大堆积量。

g) 泥石流沟谷的历史。历次泥石流的发生时间、频数、规模、形成过程、爆发前的降水情况和爆发后产生的灾害情况。区分正常沟谷还是低频率泥石流沟谷。

h) 开矿弃渣、修路切坡、砍伐森林、陡坡开荒及过度放牧等人类活动情况。

i) 当地防治泥石流的措施和建筑经验。

j) 调查泥石流已经造成的损失,泥石流进一步发展的影响范围及潜在损失。

泥石流沟堵塞程度分级见表3。

表3 泥石流沟堵塞程度分级

堵塞程度	特征
严重	沟槽弯曲,河段宽窄不均,卡口、陡坎多。大部分支沟交汇角度大。形成区集中,沟槽堵塞严重,阵流间隔时间长
中等	沟槽较顺直,河段宽窄较均匀,卡口、陡坎不多。主支沟交角多数小于60°。形成区不太集中,河床堵塞情况一般
轻微	沟槽顺直均匀,主支沟交汇角小,基本无卡口、陡坎。形成区分散,阵流间隔时间短而少

泥石流综合评判部分各因素评分按《泥石流沟严重程度(易发程度)数量化评分表》给定(附录B表B.4-3)。

泥石流(潜在泥石流)调查表见附录B表B.4,有关栏目填写要求见表4。

表4 《泥石流(潜在泥石流)调查表》填写说明

条目	填写内容
水系名称	指黄河、长江、珠江等入海河流或下游消失的内陆河流
泥石流沟泄入主河道名	指按所用地形图上的名称填写,地形图上无河名者按地方习惯名称填入
泥石流沟至主河道距离	现场直接量测或在地形图上量测,要注明河道水位标高
流域面积	在1∶5万地形图上量测
相对高差	在地形图上量测
山坡坡度	可在地形图上量测,但以现场实测为主
植被覆盖率	指林、灌木植被的覆盖率。现场调查或收集资料
主沟纵坡	一般采用山口以上河段平均坡降,以现场实测为主,也可用近期航片或地形图上的量测资料。分段统计时按加权平均值计算
冲淤变幅	应在流通区或形成区实际量测。冲淤变幅按附表4中第7项因素综合判定
沟口扇形地状况	应现场实地调查判别,按山口扇形地特征规定调查的内容量测填表
补给段长度比*	同一河段两岸同时存在几个不同补给源,只取其中最长的一段长度计入累计长度。泥沙沿程补给长度比主要按现场调查结果计算确定,也可根据航片资料确定
堵塞程度	现场调查确定,判定标准见表3
松散物储量	通过现场调查测算或用航片资料的计算成果
不良地质现象发育程度	一般按总储量划级
产沙区松散物平均厚度	现场调查量测

* 泥沙沿程补给长度比是指泥沙沿程补给长度与主沟长度之比。泥沙沿程补给长度是沿主沟长度范围内两岸及沟槽底部泥沙补给段(如崩坍、滑坡、沟蚀等)的累计长度。

易发程度(严重程度),综合评判总分确定见表5。

表 5 泥石流易发程度分级

易发程度	总分
高易发(严重)	>114
中易发(中等)	84～114
低易发	40～84
不易发	≤40

5.1.5 地面塌陷调查内容

地面塌陷主要调查岩溶地面塌陷和采空地面塌陷,包括发育在黄土等地区的土洞型地面塌陷。

重点调查下列地段的岩溶塌陷:
a) 浅部岩溶发育强烈,可溶岩顶面起伏较大,并有洞口或裂口,岩溶洞穴空间无充填或充填物少,且充填物为砂、碎石和亚黏土的地段。
b) 采、排地下水点附近和地下水位降落漏斗范围内(特别是地下水的主要补给方向上),以及地下水位变动明显的区域(浸没导致水位上升)。
c) 构造断裂带,背、向斜轴部,可溶岩与非可溶岩的接触部位。
d) 岩溶洼地、积水低地和池塘。
e) 第四纪土层为砂、轻亚黏土、亚黏土,且厚度小于 10 m 的地段。

调查过程中首先要依据已有资料进行综合分析,在基本掌握区内岩溶发育、分布规律及岩溶水环境的基础上,查明岩溶塌陷的成因、形态、规模、分布密度、引发因素、土层厚度与下伏基岩岩溶特征。查明地表、地下水活动动态及其与自然和人为因素的关系。调查岩溶塌陷对已有建筑物的破坏损失情况,圈定可能发生岩溶塌陷的区段。

采空塌陷应通过搜集资料、调查访问等工作查明以下情况:
a) 采空区和巷道的具体位置、大小、埋藏深度、开采时间和回填塌落、充水等情况。
b) 矿层的分布、层数、厚度、深度、埋藏特征和开采层的岩性、结构等。
c) 矿层开采的深度、厚度、时间、方法、顶板支撑及采空区的塌落、密实程度、空隙和积水等。
d) 地表变形特征和分布规律:包括地表陷坑、台阶、裂缝等的位置、形状、大小、深度、延伸方向及其与采空区、地质构造、开采边界、工作面推进方向等的关系。
e) 地表移动盆地的特征,划分中间区、内边缘和外边缘区,确定地表移动和变形的特征值。
f) 采空区附近抽、排水情况及对采空区稳定的影响。
g) 搜集建筑物变形及其处理措施的资料等。

地面塌陷(潜在地面塌陷)调查表见附录 B 表 B.5。

5.1.6 地裂缝调查内容

本调查所指地裂缝为区域性地裂缝,与滑坡、崩塌、地面塌陷相伴生的地裂缝不在此调查范围内。地裂缝调查内容主要为:
a) 单缝特征和群缝分布特征及其分布范围。
b) 形成的地质环境条件(地形地貌、地层岩性、构造断裂等)。

c) 地裂缝成因类型和引发因素。
d) 发展趋势预测和现有灾害评估及未来灾害预测。
e) 现有防治措施和效果。

地裂缝调查表见附录B表B.6。

5.1.7 地面沉降调查内容

主要调查由于常年抽汲地下水引起水位或水压下降而造成的地面沉降,不包括由于其他原因所造成的地面下降。主要通过搜集资料、调查访问来查明地面沉降原因、现状和危害情况。着重查明下列问题：

a) 综合分析已有资料查明第四纪沉积、地貌单元,特别要注意冲积、湖积和海相沉积的平原或盆地及古河道、洼地、河间地块等微地貌分布。第四系岩性、厚度和埋藏条件,特别要查明硬土层和软弱压缩层的分布。
b) 查明第四系含水层水文地质特征、埋藏条件及水力联系；搜集历年地下水动态、开采量、开采层位和区域地下水位等值线图等资料。
c) 根据已有地面测量资料和建筑物实测资料,同时结合水文地质资料进行综合分析,初步圈定地面沉降范围和判定累计沉降量,并对地面沉降范围内已有建筑物损坏情况进行调查。

地面沉降调查表见附录B表B.7。

5.2 野外调查记录要求

5.2.1 每个调查居民点、地质灾害点和地质灾害隐患点的地质环境条件、地质灾害特征,应根据设计书中规定的技术要求和布点的目的进行详细记录和填表。做到目的明确、内容全面、重点突出、数据无误、词语准确、字迹工整清楚。

5.2.2 对各类地质灾害形成条件、影响因素、引发因素的描述应分清主次。特别是引发因素的分析,应用数据说明。如降雨引发,应尽量搜集灾害发生前的降雨时间、雨量数据；如人工切坡引发,应访问切坡的时间,测量切坡后的坡度、高度；如采矿引发,应尽量搜集开采起始时间、年开采能力、矿石总产量、坑道位置、采矿工艺、采空区分布及面积等资料；如抽、排水引发,应尽量搜集抽排井孔布置、抽排时间、抽排水量、抽排前后地下水位及变化等资料。

5.2.3 各类地质灾害的规模划分标准,见表6～表8。

表6 滑坡、崩塌(危岩体)、泥石流规模级别划分标准

级别	滑坡(10^4 m³)	崩塌(10^4 m³)	泥石流(10^4 m³)
巨型	≥1 000	≥100	≥50
大型	100～1 000	10～100	20～50
中型	10～100	1～10	2～20
小型	<10	<1	<2

表 7　地裂缝规模分级标准

级别	规模
巨型	地裂缝长＞1 km,地面影响宽度＞20 m
大型	地裂缝长＞1 km,地面影响宽度 10～20 m
中型	地裂缝长＞1 km,地面影响宽度 3～10 m,或长≤1 km,宽 10～20 m
小型	地裂缝长＞1 km,地面影响宽度 3 m,或长≤1km,宽＜10 m

表 8　地面塌陷分级标准

级别	塌陷或变形面积(km^2)
巨型	≥10
大型	1～10
中型	0.1～1
小型	＜0.1

5.2.4 滑坡和斜坡的稳定性分为三级,即稳定性好、稳定性较差、稳定性差。滑坡和崩塌稳定性野外判别标准见表 9 和表 10。岩溶塌陷体的稳定性分为稳定性好、稳定性较差、稳定性差三级。塌陷体和土洞稳定性评价标准见表 11 和表 12。

5.2.5 对已进行勘查与治理的地质灾害,应搜集勘查程度、治理措施、治理效果及效益。

5.2.6 对重要的斜坡变形和地质灾害点,都应绘出平面图、剖面图,必要时附素描图,并拍摄照片或录像。所有照片均应统一顺序编号,并注明在相应的观测点记录表上。

表 9　滑坡稳定性野外判别表

滑坡要素	稳定性差	稳定性较差	稳定性好
滑坡前缘	滑坡前缘临空或隆起,坡度较陡且常处于地表径流的冲刷之下,有发展趋势并有季节性泉水出露,岩土潮湿、饱水	前缘临空,有间断季节性地表径流流经,岩(土)体较湿	前缘斜坡较缓,临空高差小,无地表径流流经和继续变形的迹象,岩(土)体干燥
滑体	坡面上有多条新发展的滑坡裂缝,其上建筑物、植被有新的变形迹象	坡面上局部有小的裂缝,其上建筑物、植被无新的变形迹象	坡面上无裂缝发展,其上建筑物、植被未有新的变形迹象
滑坡后缘	后缘壁上可见擦痕或有明显位移迹象,后缘有裂缝发育	后缘有断续的小裂缝发育,后缘壁上有不明显变形迹象	后缘壁上无擦痕和明显位移迹象,原有的裂缝已被充填
滑坡两侧	有羽状拉张裂缝或贯通形成滑坡侧壁边缘裂缝	形成较小的羽状拉张裂缝,未贯通	无羽状拉张裂缝

表 10 崩塌（危岩体）稳定性野外判别表

环境条件	稳定性差	稳定性较差	稳定性好
地形地貌	前缘临空甚至三面临空，坡度>55°，出现"鹰嘴"崖，顶底高差>30 m，坡面起伏不平，上陡下缓	前缘临空，坡度>45°，坡面不平	前缘临空，坡度<45°，坡面较平，岸坡植被发育
地质结构	岩性软硬相间，岩（土）体结构松散破碎，裂缝裂隙发育，切割深，形成了不稳定的结构体、不连续结构面	岩体结构较碎，不连续结构面少，节理裂隙较少。岩（土）体无明显变形迹象，有不规则小裂缝	岩体结构完整，不连续结构面少，无节理、裂隙发育。岸坡土堆较密实，无裂缝变形
水文气象	雨水充沛，气温变化大，昼夜温差明显。或有地表径流、河流流经坡角，其水流急，水位变幅大，属侵蚀岸	存在大雨—暴雨引发因素	无地表径流或河流水量小，属堆积岸，水位变幅小
人类活动	人为破坏严重，岸坡无护坡。人工边坡坡度>60°，岩体结构破碎	修路等工程开挖形成软弱基座陡崖，或下部存在凹腔，边坡角40°~60°	人类活动很少，岸坡有砌石护坡。人工边坡角<40°

表 11 塌陷体稳定性定性评价

稳定性分级	塌陷微地貌	堆积物性状	地下水埋藏及活动情况	说明
稳定性差	塌陷尚未或已受到轻微充填改造，塌陷周围有开裂痕迹，坑底有下沉开裂迹象	疏松，呈软塑至流塑状	有地表水汇集入渗，有时见水位，地下水活动较强烈	正在活动的塌陷，或呈间歇缓慢活动的塌陷
稳定性较差	塌陷已部分充填改造，植被较发育	疏松或稍密，呈软塑至可塑状	其下有地下水流通道，有地下水活动迹象	接近或达到休止状态的塌陷，当环境条件改变时可能复活
稳定性好	已被完全充填改造的塌陷，植被发育良好	较密实，主要呈可塑状	无地下水流活动迹象	进入休亡状态的塌陷，一般不会复活

表 12 土洞稳定性定性评价

稳定性分级	土洞发育状况	土洞顶板埋深（H）及其与安全临界厚度比（H/H_0）	说明
稳定性差	正在持续扩展		正在活动的土洞，因促进其扩展的动力因素在持续作用，不论其埋深多少，都具有塌陷的趋势
	间歇性地缓慢扩展		
稳定性较差	休止状态	$H<10$ m 或 $H/H_0<1.0$	不具备极限平衡条件，具塌陷趋势
		10 m$<H<15$ m 或 $1.0<H/H_0<1.5$	基本处于极限平衡状态，当环境条件改变时可能复活
		$H\geq 15$ m 或 $H/H_0\geq 1.5$	超稳定平衡状态，复活的可能性较小，一般不具备塌陷趋势
稳定性好	消亡状态		一般不会复活

5.3 野外调查记录形式

5.3.1 野外调查记录应按规定的调查表认真填写,要用野外调查记录本作沿途观察记录,并附示意性图件(平面图、剖面图、素描图等)和影像资料等。对于调查的地质灾害点及地质灾害隐患点,填写相应灾种的野外调查表(附录B);对于调查的居民点,填写村(居民点)地质灾害调查情况统计表(附录C)。

5.3.2 灾情或险情以及规模属中型及以上的地质灾害点应进行详细调查;对灾情或险情以及规模属小型者可视具体特征和分布位置作控制性定点调查(灾情和险情分级标准见表13)。

表13 地质灾害灾情和险情分级标准

	死亡人数(人)	受威胁人数(人)	直接经济损失(万元)	潜在经济损失(万元)
小型	<3	<10	<100	<500
中型	3~10	10~100	100~500	500~5 000
大型	10~30	100~1 000	500~1 000	5 000~10 000
特大型	≥30	≥1 000	≥1 000	≥10 000

注1:灾情分级——灾情采用"死亡人数"和"直接经济损失"栏指标评价。
注2:险情分级——险情采用"受威胁人数"和"潜在经济损失"栏指标评价。

5.3.3 对属同一类型的地质灾害,不论灾害体规模大小、是单体还是群体,都应一点一表,不允许在同一灾害体上定两个以上的观测点,也不允许将相邻两个灾害体合定一个观测点。同一地点存在几种地质灾害或其他环境地质问题时,可以只定一点,但应分类填表。

5.3.4 对于乡、镇及村委会,都应进行调查,如无地质灾害分布,可不布设观测点,但应作好访问记录;对于一般居民点,只要可能受到地质灾害危害,均应布设观测点进行调查评价。

5.3.5 野外记录应采取图文互补方式进行调查填写,用图客观地反映出地形形态、滑坡裂缝、隆起等变形现象的空间展布,地下水出露或所测水位埋深等部位,人工边坡分布位置,受威胁对象与潜在灾害体相对空间位置,土体厚度、岩层节理断层产状测量位置,照相位置和镜头方向等。用文字客观地补充记录地形坡度,边坡高度,裂缝特征和形成时间,威胁户数、人口等,保证调查记录客观全面。野外记录要严格区分主观判断和客观存在的现象,并判断可能的成灾范围。

5.4 工作手图和清图填绘要求

5.4.1 采用数字化地形地质或工程地质底图做工作手图。在未获得上述图件情况下,以1:5万地形图作为工作手图,并据已有资料将各类地质灾害点及地质界线透绘到地形底图上,供野外调查期间使用。

5.4.2 工作手图上的各类观测点和地质界线,在野外应用铅笔绘制。转绘到清图上后应及时上墨。

5.4.3 工作手图上观测点符号用×表示。当灾害体规模较小,无法表示其轮廓线时,可不按比例尺的符号表示;当规模较大,应按比例尺圈定其边界线。

5.4.4 工作手图上观测点定位应遵循以下原则:
滑坡点定在滑坡后缘中部,泥石流点定在堆积区中部,地面塌陷点定在塌陷中心点,地裂缝点定在主干裂缝的中点,斜坡、边坡点定在变形区中部。

5.4.5 清图(比例尺一般采用1:10万),各类地质灾害和地质界线应按规定图例绘制,不再表示观测点符号。

6 地质灾害群测群防网络建设

6.1 群众监测网络建设

6.1.1 监测点选定原则

a) 危险性大、稳定性差、成灾概率高、灾情严重的。
b) 对集镇、村庄、工矿及重要居民点人民生命安全构成威胁的。
c) 造成严重经济损失的。
d) 威胁公路、铁路、航道等重要基础设施的。
e) 威胁重大基础建设工程的。

6.1.2 监测点建设

a) 监测范围确定：除对地质灾害隐患点和不稳定斜坡本身的变形迹象进行监测外，还应把该灾害点威胁的对象和可能成灾的范围，纳入监测范围。
b) 监测方法与要求：对当前不宜进行治理及暂时不能进行治理的隐患点，危害大的应因地制宜，建立以简易监测为主，结合宏观地面变形观察的群测网点。
c) 一般采用设桩、设砂浆贴片和固定标尺进行滑坡体地面裂缝相对位移监测，并结合人工巡视滑坡体内的微地貌、地表植物和建筑物标志的各种微细变化。对危害大的隐患点（属特大型）建议应纳入国家建立的监测网络，如有条件也可用视准线法测量监测点的位移变化动态。以定期巡测和汛期强化监测相结合的方式进行。定期巡测一般为半月或每月一次，汛期强化监测将根据降雨强度，每天或24 h值班监测。

6.1.3 监测数据

a) 监测数据包括地质灾害点基本资料、动态变化数据、灾情等。
b) 所有监测数据均应以数字化形式储存在信息系统中，同时，应以纸介质形式备份保存。
c) 监测点应进行简易定量监测，并须整理成有关曲线、图表等。应编制有关月报、季报和年报，同时，对今后灾害发展趋势进行预测。
d) 监测数据应按有关程序逐级汇交。
e) 加强监测数据的综合分析。

6.2 群专结合的预报预警系统建设

6.2.1 县（市）国土资源主管部门归口管理和指导群众监测网络建设，负责监测资料与信息反馈的收集汇总。

6.2.2 县（市）国土资源主管部门的地质环境职能部门应根据气象、水文预报和监测资料进行综合分析，预测地质灾害危险点，并及时向有关乡镇、村和矿山及负有对重要设施管理职责的有关部门发出预警通知。

6.2.3 县（市）国土资源主管部门负责组织各乡镇、矿山、重要设施主管部门编制汛期地质灾害防灾预案。编制全县（市）汛期地质灾害防灾预案，报同级人民地方政府批准后，负责组织实施。

6.2.4 县（市）国土资源主管部门负责组织地质灾害防治科普宣传活动和基层干部培训工作。

7 室内资料分析和整理

7.1 基本要求

7.1.1 应结合信息系统的建设进行,所有报告及图件应数字化,并运用计算机编图。

7.1.2 地质灾害调查成果分析整理采用定性分析为主、定量化评价为辅的方法进行。阐明地质灾害分布规律、发育特征及危害,做出正确的评价与预测。

7.1.3 地质灾害调查成果应力求通俗易懂,简洁美观,但应体现地质规律,并应结合地方政府需求与经济社会发展规划,提出合理、有效的防治建议。

7.2 地质灾害易发区划分

地质灾害易发区指具备地质灾害发生的地质构造、地形地貌和气候条件,容易或者可能发生地质灾害的区域。地质灾害易发区主要依据地质环境条件,参考地质灾害现状和人类工程活动划定。地质灾害易发区分为高易发区、中易发区、低易发区三类(表14)。

7.2.1 地质灾害易发区划分以定性分析为主、定量分析为辅,定性分析可以参考表14。

7.2.2 地质灾害易发区主要依据地质环境条件,参考地质灾害现状和人类工程活动划定。

7.2.3 地质灾害易发区分为高易发区、中易发区、低易发区三类(表14)。

表14 地质灾害易发区主要特征简表

灾种	易发区划分			非易发区
	高易发区 $G=4$	中易发区 $G=3$	低易发区 $G=2$	$G=1$
滑坡、崩塌	构造抬升剧烈,岩体破碎或软硬相间;黄土垄岗细梁地貌、人类活动对自然环境影响强烈。暴雨型滑坡,规模大,高速远程	红层丘陵区、坡积层、构造抬升区,暴雨久雨。中小型滑坡,中速,滑程远	丘陵残积缓坡地带,冻融滑坡。规模小。低速蠕滑。植被好,顺层滑动	缺少滑坡形成的地貌临空条件,基本上无自然滑坡,局部溜滑
泥石流	地形陡峭,水土流失严重,形成坡面泥石流;数量多,10条沟以上/20 km,活动强,超高频,每年暴发可达10次以上。沟口堆积扇发育明显完整、规模大。排泄区建筑物密集	坡面和沟谷泥石流,6~10条沟/20 km;强烈活动;分布广,活动强,淹没农田,堵塞河流等。沟口堆积扇发育且具一定规模。排泄区建筑物多	坡面和沟谷泥石流均有分布,3~5条沟/20 km;中等活动。沟口有堆积扇,但规模小,排泄区基本通畅	以沟谷泥石流为主,物源少,排导区通畅;1~2条沟/20 km,多年活动一次。沟口堆积扇不明显,排泄区通畅
岩溶塌陷和采空区塌陷	碳酸盐岩岩性纯,连续厚度大,出露面积较广。地表洼地、漏斗、落水洞、地下岩溶发育。多岩溶大泉和地下河,岩溶发育深度大。灾害点密度≥1个/km²,地面塌陷或地裂缝破坏面积≥1 000 m²/km²	以次纯碳酸盐岩为主,多间夹型。地表洼地、漏斗、落水洞、地下岩溶发育。岩溶大泉和地下河不多,岩溶发育深度不大。灾害点密度为0.1~1个/km²,地面塌陷或地裂缝破坏面积为500~1 000 m²/km²	以不纯碳酸盐岩为主,多间夹型或互夹型。地表洼地、漏斗、落水洞、地下岩溶发育稀疏。灾害点密度为0.05~0.1个/km²,地面塌陷或地裂缝破坏面积为100~500 m²/km²	以不纯碳酸盐岩为主,多间夹型或互夹型。地表洼地、漏斗、落水洞、地下岩溶不发育。灾害点密度为0~0.05个/km²,地面塌陷或地裂缝破坏面积<100 m²/km²
地裂缝	构造与地震活动非常强烈,第四系厚度大	构造与地震活动强烈,第四系厚度大,形成断陷盆地,超采地下水	构造与地震活动较为强烈,形成拉裂构造	第四系覆盖薄,差异沉降小

7.2.4 地质灾害易发区定量分析可参考地质灾害综合危险性指数法。

7.2.4.1 运用栅格数据处理方法对调查区进行剖分，每个单元面积为 1 km×1 km～3 km×3 km。对于地质条件变化不大的地区，单元面积可取高限，地质条件复杂或需详细研究的地区，单元面积可取低限。

7.2.4.2 地质灾害综合危险性指数的计算方法：

$$Z = Z_q \times r_1 + Z_X \times r_2 \qquad (1)$$

式中：

Z——地质灾害综合危险性指数；

Z_q——潜在地质灾害强度指数；

r_1——潜在地质灾害强度权值；

Z_X——现状地质灾害强度指数；

r_2——现状地质灾害强度权值。

7.2.4.3 潜在地质灾害强度指数（Z_q）按以下公式计算：

$$Z_q = \sum T_i \times A_i = D \times A_D + X \times A_X + Q \times A_Q + R \times A_R \qquad (2)$$

式中：

Z_q——潜在地质灾害强度指数；

T_i——控制评价单元地质灾害形成的地质条件（D）、地形地貌条件（X）、气候植被条件（Q）、人为条件（R）充分程度的表度分值，各评价指标的选取与评判标准依据具体情况而定；

A_i——各形成条件的权值，根据实际情况分配；

D——评价单元地质灾害形成的地质条件充分程度的表度分值；

A_D——评价单元地质灾害形成的地质条件权值；

X——评价单元地质灾害形成的地形地貌条件充分程度的表度分值；

A_X——评价单元地质灾害形成的地形地貌条件权值；

Q——评价单元地质灾害形成的气候植被条件充分程度的表度分值；

A_Q——评价单元地质灾害形成的气候植被条件权值；

R——评价单元地质灾害形成的人为条件充分程度的表度分值；

A_R——评价单元地质灾害形成的人为条件权值。

7.2.4.4 现状地质灾害强度指数（Z_X）可以用灾害点密度、灾害面积密度以及灾害体积密度来求得。

a) 崩塌、滑坡、泥石流强度指数（Z_X）：$R = a + b + c$ ………………………………………（3）

b) 地面塌陷和地裂缝强度指数（Z_X）：$R = a + b$ …………………………………………………（4）

式中：

a——归一化处理后的灾害个数密度系数；

b——归一化处理后的灾害面积密度系数；

c——归一化处理后的灾害体积密度系数。

7.2.4.5 根据各单元的地质、地形地貌、气候以及人类工程活动等条件（上述判别方法），利用 MapGIS 空间分析功能，求取评价单元的潜在地质灾害强度指数与现状地质灾害强度指数，分级赋值进行换算叠加，获得评价单元的地质灾害综合危险性指数。

7.2.4.6 依据地质灾害综合危险性指数，合并相同单元格，划定地质灾害易发区。

7.2.4.7 各地可以结合自身的实际情况，采用合适的方法划分地质灾害易发区。但无论采用何种方法,都应当做到易发区的内涵清晰,评价单元选择合理,指标选取和赋值依据充分,划分结果层次分明,体现地质环境条件对于地质灾害形成和发展的控制规律和地质灾害发育的基本特点。

7.3 重点防治区确定

7.3.1 地质灾害重点防治区根据地质灾害现状和需要保护的对象确定。

7.3.2 通过对地质灾害易发区内人口密集居住区(城市、集镇、村庄)、重要基础设施(交通干线、通信工程、水利工程、电力工程)、重要经济区(支柱产业开发区、大中型工矿区)、风景名胜区(自然景点、文化遗产、地质遗迹)、重要农业区(基本农田保护区、特色农业区)等所涉区域的调查,将存在危险的区域划定为地质灾害重点防治区。

7.4 成果图件编制

7.4.1 成果图件比例尺宜采用1∶10万。

实际材料图以所属县市行政区划图为底图,将地质灾害野外调查的工作路线,已调查的学校、集镇、居民点、交通线、厂矿等调查点投入的实物量标在图上,形成实际材料图。

7.4.2 地质灾害分布与易发区图的编制是以区内地质灾害形成发育的地质环境条件为背景,主要反映地质灾害分布和地质灾害易发区划分及其危害等。

7.4.3 地质灾害分布图图面内容包括以下三个层次:

  a) 第一层次:主要表示简化地理、行政区划要素与地质灾害相关的地质环境要素。

  b) 第二层次:各类地质灾害的位置、类型、成因、规模、稳定性与危害性等,分门别类地用不同颜色的点状或面状符号表示,规模大者应以实际边界表示。

  c) 第三层次:各种地质灾害易发区分区等级及分区界线。

7.4.4 地质灾害易发分区图图面中应配置必要的镶图与说明表。镶图用于地质环境条件或地质灾害成因、引发因素的说明,如降水量等值线图、暴雨等值线图和地震烈度分区图等;说明表主要反映重要地质灾害隐患点的编号、地理位置、类型、规模、稳定性和危害性预测等。图面中应配置必要的地质灾害易发程度说明表,主要内容包括分区代号、分区名称、等级、位置、面积、地质灾害发育特征及危害等。

7.4.5 地质灾害防治区划图属防治对策性图件,图面内容包括三个层次:

  a) 第一层次:简化行政区划要素,应表示到乡、镇及重要居民点(100人以上或20户以上);标明风景名胜区及已建和拟建的重要建设工程,如城建工程、水利水电工程、矿业工程、交通工程、地下水供水工程等。

  b) 第二层次:依据地质灾害形成的地质环境条件、易发特征,结合当地经济与社会发展规划等因素,进行综合分析,对遭受地质灾害威胁的上述区域划出重点防治区。

  c) 第三层次:用不同颜色的点状、线状符号或代号表示所有地质灾害隐患点的防治措施(群测群防、专业监测、避让、治理等),特大型和大型地质灾害隐患点标示为专业监测点。

7.4.6 地质灾害防治区划图图面中应配置必要的镶图与防治区划说明表。如有必要可作重点防治地段或重点防治城镇等的镶图,比例尺适当放大。防治区划说明表主要反映重点防治区的名称、位置、面积,主要地质灾害类型、特征及危害、重点防治(包括应急治理)的地质灾害、防治对策、措施、方法等内容。

7.5 成果报告编制

7.5.1 基本要求

7.5.1.1 地质灾害调查与区划报告是项目工作的最终成果,也是工作质量的全面体现。

7.5.1.2 成果报告应符合以下几项要求:
  a) 综合利用、充分反映前人资料和调查所取得的成果。
  b) 阐明地质灾害主要类型、分布规律、发育特征、主要控制影响因素及危害,做出正确的评价与发灾条件预测。
  c) 结合地方政府需求与经济社会发展规划,提出合理、有效的防治建议,体现调查工作的防灾减灾效益。
  d) 内容简明扼要、重点突出、依据充分、结论明确、附图规范、附件齐全,便于地方政府和主管部门阅读与使用。
  e) 成果报告与附图均以纸质和数字两种形式表示。

7.5.2 成果报告编写提纲按附录 D 执行

7.6 报告附件编制

7.6.1 报告附件应包括地质灾害防治区划报告、地质灾害群测群防建设报告、特大型和大型地质灾害隐患点防灾预案、地质灾害信息系统建设报告以及有关地质灾害调查表。

7.6.2 地质灾害防治区划报告提纲按附录 E 执行

7.6.3 地质灾害群测群防建设应包括以下内容:
  a) 选点原则。
  b) 网络总体情况。
  c) 宣传与培训情况。
  d) 监测信息反馈渠道建设情况。

7.6.4 特大型和大型地质灾害隐患点防灾预案应包括以下内容:
  a) 灾害体基本特征:名称、位置、灾害类型、规模、环境地质条件、发展历史、稳定性分析、潜在危害等。
  b) 监测方案:监测责任人、监测方法、监测周期、临灾状态预测等。
  c) 应急方案:报警人、报警方法、报警信号、人员撤离路线等。
  d) 防治建议:群测群防、专业监测、搬迁避让、工程治理等。

7.6.5 每个预案点应填写《地质灾害隐患点防灾预案表》,预案表见附录 F。

7.6.6 地质灾害信息系统建设报告应说明信息系统建设有关情况。

报告附件应包括每个地质灾害点的调查表、有关照片和像片。调查表见附录 B。

附 录 A
（规范性附录）
设计书编写提纲

A.1 前言

A.1.1 目的任务
A.1.2 工作区范围和自然地理概况
A.1.3 以往工作程度及评述

A.2 区域环境地质条件和地质灾害现状

A.2.1 区域环境地质条件
A.2.2 地质灾害现状
A.2.3 影响地质灾害易发程度的地质条件分析

A.3 工作部署及进度安排

A.3.1 工作部署原则
A.3.2 工作部署
A.3.3 工作量与工作进度

A.4 工作方法及技术要求

A.4.1 工作方法
A.4.2 技术要求

A.5 组织管理

A.5.1 组织管理
A.5.2 项目组人员与分工

A.6 保障措施

A.6.1 项目全面质量管理措施
A.6.2 安全及劳动保护措施

A.7 经费预算

A.8 预期成果

A.8.1 成果报告
A.8.2 成果图件
A.8.3 附件

A.8.4 提交成果时间

A.9 附图：地质灾害调查与区划工作部署图，比例尺 1∶10 万。

附 录 B
（规范性附录）
地质灾害调查表

表 B.1-1 斜坡稳定性调查表

统一编号：

<table>
<tr><td colspan="2">名称</td><td colspan="4"></td><td colspan="3">省　　县(市)　　乡　　村　　社</td></tr>
<tr><td colspan="2">野外编号</td><td></td><td rowspan="2">斜坡类型</td><td colspan="2">□自然岩质
□人工岩质
□自然土质
□人工土质</td><td rowspan="2">地理位置</td><td>坐标</td><td>X：
Y：</td><td>标高/m</td><td>坡顶
坡脚</td></tr>
<tr><td colspan="2">室内编号</td><td></td><td colspan="2"></td><td colspan="2">经度：　°　'　"　　纬度：　°　'　"</td></tr>
<tr><td rowspan="8">斜坡环境</td><td rowspan="4">地质环境</td><td colspan="3">地层岩性</td><td colspan="2">地质构造</td><td colspan="2">微地貌</td><td colspan="2">地下水类型</td></tr>
<tr><td>时代</td><td>岩性</td><td>产状</td><td>构造部位</td><td>地震烈度</td><td colspan="2">□陡崖　□陡坡
□缓坡　□平台</td><td colspan="2">□孔隙水
□裂隙水
□岩溶水</td></tr>
<tr><td></td><td></td><td></td><td></td><td></td><td colspan="2"></td><td colspan="2"></td></tr>
<tr><td colspan="3"></td><td colspan="2"></td><td colspan="2"></td><td colspan="2"></td></tr>
<tr><td rowspan="4">地理环境</td><td colspan="3">降雨量/mm</td><td colspan="4">水文</td><td colspan="2">土地利用</td></tr>
<tr><td rowspan="2">年均</td><td colspan="2">最大降雨量</td><td rowspan="2">丰水位/m</td><td rowspan="2">枯水位/m</td><td colspan="2">斜坡与河流位置</td><td colspan="2" rowspan="3">□耕地　□草地
□灌木　□森林
□裸露　□建筑</td></tr>
<tr><td>日</td><td>时</td><td colspan="2">□左岸　□右岸</td></tr>
<tr><td></td><td></td><td></td><td></td><td></td><td colspan="2">□凹岸　□凸岸</td></tr>
<tr><td rowspan="20">斜坡基本特征</td><td rowspan="2">外形特征</td><td>坡高/m</td><td>坡长/m</td><td>坡宽/m</td><td>坡度/°</td><td colspan="2">坡向/°</td><td colspan="3">坡面形态</td></tr>
<tr><td></td><td></td><td></td><td></td><td colspan="2"></td><td colspan="3">□凸　□凹　□直　□阶</td></tr>
<tr><td rowspan="13">结构特征</td><td rowspan="7">岩质</td><td colspan="4">岩体结构</td><td colspan="4">斜坡结构类型</td></tr>
<tr><td>结构类型</td><td>厚度</td><td>裂隙组数</td><td>块度(长×宽×高)/m</td><td colspan="4" rowspan="5">□土质斜坡　　□碎屑岩斜坡
□碳酸岩斜坡　□结晶岩斜坡
□变质岩斜坡
□顺向斜坡　　□平缓层状斜坡
□斜向斜坡　　□横向斜坡
□反向斜坡　　□特殊结构斜坡</td></tr>
<tr><td>□整体块状结构</td><td></td><td></td><td></td></tr>
<tr><td>□块裂结构</td><td></td><td></td><td></td></tr>
<tr><td>□碎裂结构</td><td></td><td></td><td></td></tr>
<tr><td>□散体结构</td><td></td><td></td><td></td></tr>
<tr><td colspan="4">控制面结构</td><td colspan="2">全风化带深度/m</td><td colspan="2">卸荷裂缝深度/m</td></tr>
<tr><td rowspan="6">岩质</td><td>类　型</td><td>产状</td><td>长度/m</td><td>间距/m</td><td colspan="2" rowspan="6"></td><td colspan="2" rowspan="6"></td></tr>
<tr><td>□层理面
□片理或劈理面
□节理裂隙面
□覆盖层与基岩接触面
□层内错动带
□构造错动带
□断层
□老滑面</td><td></td><td></td><td></td></tr>
<tr><td rowspan="3">土质</td><td colspan="3">土的名称及特征</td><td colspan="4">下伏基岩特征</td></tr>
<tr><td>名称</td><td>密实度</td><td>稠度</td><td>时代</td><td>岩性</td><td colspan="2">产状</td><td>埋深/m</td></tr>
<tr><td></td><td>□密　□中　□稍　□松</td><td></td><td></td><td></td><td colspan="2"></td><td></td></tr>
<tr><td rowspan="2">地下水</td><td>埋深/m</td><td colspan="3">露头</td><td colspan="4">补给类型</td></tr>
<tr><td></td><td colspan="3">□上升泉　□下降泉　□湿地</td><td colspan="4">□降雨　□地表水　□融雪　□人工</td></tr>
<tr><td rowspan="9">现今变形破坏迹象</td><td>名称</td><td>部位</td><td colspan="4">特征</td><td colspan="3">初现时间</td></tr>
<tr><td>□拉张裂缝</td><td></td><td colspan="4"></td><td colspan="3"></td></tr>
<tr><td>□剪切裂缝</td><td></td><td colspan="4"></td><td colspan="3"></td></tr>
<tr><td>□地面隆起</td><td></td><td colspan="4"></td><td colspan="3"></td></tr>
<tr><td>□地面沉降</td><td></td><td colspan="4"></td><td colspan="3"></td></tr>
<tr><td>□剥、坠落</td><td></td><td colspan="4"></td><td colspan="3"></td></tr>
<tr><td>□树木歪斜</td><td></td><td colspan="4"></td><td colspan="3"></td></tr>
<tr><td>□建筑变形</td><td></td><td colspan="4"></td><td colspan="3"></td></tr>
<tr><td>□渗冒浑水</td><td></td><td colspan="4"></td><td colspan="3"></td></tr>
</table>

T/CAGHP 017—2018

表 B.1-2 斜坡稳定性调查表

可能失稳因素	□降雨　□地震　□人工加载　□开挖坡脚　□坡脚冲刷　□坡脚浸润　□坡体切割 □风化　□卸荷　□动水压力　□爆破振动						
目前稳定程度	□稳定性好　　□稳定性较差 □稳定性差			今后变化趋势	□稳定性好　　□稳定性较差 □稳定性差		
已造成危害	损坏房屋	毁路/m	毁渠/m	其他危害	直接损失/万元	灾情等级	
	户间					□特大型　□大型 □中型　　□小型	
潜在危害	威胁人口/人		威胁财产/万元		险情等级	□特大型　□大型 □中型　　□小型	
监测建议	□定期目视检查　□安装简易监测设施　□地面位移监测　□深部位移监测						
防治建议	□群测群防　□专业监测　□搬迁避让　□工程治理						
群测人员		村长		电话		防灾预案	□有　□无
示意图	平面图						
	剖面图						

调查负责人：　　　　　　填表人：　　　　　　审核人：　　　　　　填表日期：　　　年　　月　　日

调查单位：

21

表 B.2-1 滑坡(潜在滑坡)调查表

名称						地理位置	省　　县(市)　　乡　　村　　社			
野外编号			室内编号				坐标 X: Y:		标高/m	冠 趾
滑坡年代				发生时间			经度：　°　′　″　纬度：　°　′　″			
□古滑坡　□老滑坡 □现代滑坡				年　月　日 时　分						
滑坡类型	□推移式滑坡　　□牵引式滑坡						滑体性质	□岩质　□碎块石 □土质		

滑坡环境

		地层岩性			地质构造		微地貌		地下水类型	
地质环境		时代	岩性	产状	构造部位	地震烈度	□陡崖　□陡坡 □缓坡　□平台		□孔隙水　□潜水 □裂隙水　□承压水 □岩溶水　□上层滞水	
自然地理环境		降水量/mm				水文				
		年均	日最大	时最大	洪水位/m	枯水位/m	滑坡相对河流位置			
							□左　□右　□凹　□凸			
原始斜坡	坡高/m	坡度/°	坡形	斜坡结构类型		控滑结构面				
			□凸形 □凹形 □平直 □阶状	□土质斜坡 □碎屑岩斜坡 □碳酸盐岩斜坡 □结晶岩斜坡 □变质岩斜坡 □平缓层状斜坡 □顺向斜坡 □横向斜坡 □斜向斜坡 □反向斜坡 □特殊结构斜坡		类型	□层理面 □片理或壁理面 □节理裂隙面 □覆盖层与基岩接触面 □层内错动带 □构造错动带 □断层 □老滑面	产状		

滑坡基本特征

	长度/m	宽度/m	厚度/m	面积/m²	体积/m³	规模等级		坡度/°	坡向/°
外形特征						□巨型　□大型 □中型　□小型			
	平面形态					剖面形态			
	□半圆　□矩形　□舌形　□不规则					□凸形　□凹形　□直线　□阶梯　□复合			

	滑体特征				滑床特征		
	岩性	结构	碎石含量/%	块度/cm	岩性	时代	产状
结构特征		□可辨层次 □零乱	(体积百分比)	□≤5　□5～10 □10～50　□≥50			
	滑面及滑带特征						
	形态	埋深/m	倾向/°	倾角/°	厚度/m	滑带土名称	滑带土性状
	□线形　□弧形 □阶形　□起伏					□黏土　□粉质黏土 □含砾黏土	

	埋深/m	露头		补给类型			
地下水		□上升泉　□下降泉　□溢水点		□降雨　□地表水　□人工　□融雪			
土地使用		□旱地　□水田　□草地　□灌木　□森林　□裸露　□建筑					

	名称	部位	特征	初现时间
现今变形迹象	□拉张裂缝			
	□剪切裂缝			
	□地面隆起			
	□地面沉降			
	□剥、坠落			
	□树木歪斜			
	□建筑变形			
	□渗冒浑水			

表 B.2-2 滑坡(潜在滑坡)调查表

影响因素	地质因素	☐节理极度发育 ☐结构面走向与坡面平行 ☐结构面倾角小于坡角 ☐软弱基座 ☐透水层下伏隔水层 ☐土体/基岩接触 ☐破碎风化岩/基岩接触 ☐强/弱风化层界面					
	地貌因素	☐斜坡陡峭 ☐坡脚遭侵蚀 ☐超载堆积					
	物理因素	☐风化 ☐融冻 ☐胀缩 ☐累进性破坏造成的抗剪强度降低 ☐孔隙水压力高 ☐洪水冲蚀 ☐水位陡降陡落 ☐地震					
	人为因素	☐削坡过陡 ☐坡脚开挖 ☐坡后加载 ☐蓄水位降落 ☐植被破坏 ☐爆破振动 ☐渠塘渗漏 ☐灌溉渗漏					
	主导因素	☐暴雨 ☐地震 ☐工程活动					
稳定性分析	复活诱发因素	☐降雨 ☐地震 ☐人工加载 ☐开挖坡脚 ☐坡脚冲刷 ☐坡脚浸润 ☐坡体切割 ☐风化 ☐卸荷 ☐动水压力 ☐爆破振动					
	目前稳定状况	☐稳定性好 ☐稳定性较差 ☐稳定性差	已造成危害	毁坏房屋/间	死亡人口/人	直接损失/万元	灾情等级
							☐特大型 ☐大型 ☐中型 ☐小型
	发展趋势分析	☐稳定性好 ☐稳定性较差 ☐稳定性差	潜在威胁	威胁户数	威胁人口/人	威胁资产/万元	险情等级
							☐特大型 ☐大型 ☐中型 ☐小型
监测建议		☐定期目视检查 ☐安装简易监测设施 ☐地面位移监测 ☐深部位移监测					
防治建议		☐群测群防 ☐专业监测 ☐搬迁避让 ☐工程治理		隐患点	☐是 ☐否		
群测人员			村长		电话	防灾预案	☐有 ☐无
滑坡示意图	平面图						
	剖面图						

调查负责人：　　　　填表人：　　　　审核人：　　　　填表日期：　　年　　月　　日

调查单位：

表 B.3-1 崩塌(潜在崩塌)调查表

统一编号：　　　　　　　　　　　　　　　　　　　　　　　　　　崩塌情况：□崩塌　□潜在崩塌

名称								省　　县(市)　　乡　　村　　社				
野外编号			斜坡类型	□自然岩质 □人工岩质 □自然土质 □人工土质	地理位置	坐标	X： Y： 经度：　°　′　″ 纬度：　°　′　″		标高/m	坡顶		
室内编号										坡脚		
崩塌类型		□倾倒式　　□滑移式　　□鼓胀式　　□拉裂式　　□错断式										

崩塌环境	地质环境	地层岩性			地质构造		微地貌		地下水类型
		时代	岩性	产状	构造部位	地震烈度	□陡崖　□陡坡 □缓坡　□平台		□孔隙水 □裂隙水 □岩溶水
	地理环境	降雨量/mm			水文				土地利用
		年均	最大降雨量		丰水位/m	枯水位/m	斜坡与河流位置		□耕地　□草地 □灌木　□森林 □裸露　□建筑
			日	时			□左岸　□右岸		
							□凹岸　□凸岸		

危岩体特征		坡高/m	坡长/m	坡宽/m	规模/m³	规模等级	坡度/°	坡向/°
						□巨型　□大型 □中型　□小型		

危岩体特征	岩质	岩体结构				斜坡结构类型	
		结构类型	厚度	裂隙组数	块度(长×宽×高)/m		
		□整体块状　□块裂 □碎裂　　　□散体				□土质斜坡　　　□碎屑岩斜坡 □碳酸盐岩斜坡　□结晶岩斜坡 □变质岩斜坡	
		控制面结构				□平缓层状斜坡　□顺向斜坡 □斜向斜坡　　　□横向斜坡 □反向斜坡　　　□特殊结构斜坡	
		类　型	产状	长度/m	间距/m		
		□层理面 □片理或壁理面 □节理裂隙面 □覆盖层与基岩接触面 □层内错动带 □构造错动带 □断层				全风化带深度/m	卸荷裂缝深度/m
	土质	土的名称及特征			下伏基岩特征		
		名称	密实度	稠度	时代	岩性　产状	埋深/m
			□密　□中　□稍　□松				
	地下水	埋深/m	露头		补给类型		
			□上升泉　□下降泉　□湿地		□降雨　□地表水　□融雪　□人工		
	现今变形破坏迹象	名称	部位	特征			初现时间
		□拉张裂缝					
		□剪切裂缝					
		□地面隆起					
		□地面沉降					
		□剥、坠落					
		□树木歪斜					
		□建筑变形					
		□渗冒浑水					
	可能失稳因素	□降雨　□地震　□人工加载　□开挖坡脚　□坡脚冲刷　□坡脚浸润 □坡体切割　□风化　□卸荷　□动水压力　□爆破振动					
	目前稳定程度	□稳定性好　□稳定性较差　□稳定性差			今后变化趋势	□稳定性好　□稳定性较差 □稳定性差	

T/CAGHP 017—2018

表 B.3-2 崩塌(潜在崩塌)调查表

堆积体特征	长度/m		宽度/m		厚度/m		体积/m³		坡度/°	坡向/°	坡面形态	稳定性
											□凸 □凹 □直 □阶	□稳定性好 □稳定性较差 □稳定性差
	可能失稳因素		□降雨 □地震 □人工加载 □开挖坡脚 □坡脚冲刷 □坡脚浸润 □坡体切割 □风化 □卸荷 □动水压力 □爆破振动									
	目前稳定程度		□稳定性好 □稳定性较差 □稳定性差				今后变化趋势			□稳定性好 □稳定性较差 □稳定性差		
已造成危害	死亡人口/人		损坏房屋		毁路/m		毁渠/m		其他危害	直接损失/万元	灾情等级	
			户 间								□特大型 □大型 □中型 □小型	
潜在危害	威胁人口/人				威胁财产/万元					险情等级	□特大型 □大型 □中型 □小型	
监测建议	□定期目视检查 □安装简易监测设施 □地面位移监测											
防治建议	□群测群防 □专业监测 □搬迁避让 □工程治理									隐患点	□是 □否	
群测人员			村长				电话			防灾预案	□有 □无	
示意图	平面图											
	剖面图											

调查负责人： 填表人： 审核人： 填表日期： 年 月 日

调查单位：

表 B.4-1 泥石流(潜在泥石流)调查表

统一编号：　　　　　　　　　　　　　　　　　　　　　泥石流情况：□泥石流　□潜在泥石流

沟名				野外编号			室内编号		
地理位置	E: N:		行政区位	省　　地区(州)　　县(市) 　　　乡(镇)　　　　村			高程/m	最大标高 最小标高	
水系名称					坐标	X: Y:			

泥石流沟与主河关系

主河名称	泥石流沟位于主河的 □左岸　□右岸	沟口至主河道距离/m	流动方向

泥石流沟主要参数、现状及灾害史调查

水动力类型	□暴雨 □冰川 □溃决 □地下水		沟口巨石大小/m		Φ_a	Φ_b	Φ_c
泥砂补给途径	□面蚀 □沟岸崩滑 □沟底再搬运		补给区位置		□上游 □中游 □下游		
降雨特征值	$H_{年max}$	$H_{年cp}$	$H_{日max}$	$H_{日cp}$	$H_{时max}$	$H_{时cp}$	$H_{10分钟max}$	$H_{10分钟cp}$

沟口扇形地特征	扇形地完整性/%		扇面冲淤变幅	±	发展趋势	□下切 □淤高
	扇长/m		扇宽/m		扩散角/°	
	挤压大河	□河形弯曲主流偏移 □主流偏移 □主流只在高水位偏移 □主流不偏				

地质构造	□顶沟断层 □过沟断层 □抬升区 □沉降区 □褶皱 □单斜				地震烈度/°	
不良地质体情况	滑坡	活动程度	□严重 □中等 □轻微 □一般	规模	□大 □中 □小	
	人工弃体	活动程度	□严重 □中等 □轻微 □一般	规模	□大 □中 □小	
	自然堆积	活动程度	□严重 □中等 □轻微 □一般	规模	□大 □中 □小	

土地利用/%	森林	灌丛	草地	缓坡耕地	荒地	陡坡耕地	建筑用地	其他

防治措施现状	□有 □无	类型	□稳拦 □排导 □避绕 □生物工程
监测措施	□有 □无	类型	□雨情 □泥位 □专人值守

威胁危害对象	□城镇 □村寨 □铁路 □公路 □航运 □饮灌渠道 □水库 □电站 □工厂 □矿山 □农田 □森林 □输电线路 □通信设施 □国防设施			
	威胁人口/人	威胁财产/万元	险情等级	□特大型 □大型 □中型 □小型

灾害史	发生时间/年/月/日	死亡人口/人	牲畜损失/头	房屋/间		农田/亩		公共设施		直接损失/万元	灾情等级
				全毁	半毁	全毁	半毁	道路/km	桥梁/座		
											□特大型 □大型 □中型 □小型

泥石流特征	冲出方量/10⁴m³		规模等级	□巨型 □大型 □中型 □小型	泥位/m	

表 B.4－2 泥石流（潜在泥石流）调查表

泥石流综合评判																
1.不良地质现象	□严重　□中等　□轻微　□一般								2.补给段长度比/%							
3.沟口扇形地	□大　□中　□小　□无								4.主沟纵坡/‰							
5.新构造影响	□强烈上升区　□上升区 □相对稳定区　□沉降区								6.植被覆盖率/%							
7.冲淤变幅/m	±			8.岩性因素				□土及软岩　□软硬相间　□风化和节理发育的硬岩　□硬岩								
9.松散物储量 (10^4 m³/km²)				10.山坡坡度/°				11.沟槽横断面		□"V"形谷（谷中谷、"U"形谷） □拓宽"U"形谷　□复式断面　□平坦型						
12.松散物 平均厚/m						13.流域面积/km²										
14.相对高差/m						15.堵塞程度				□严重　□中等　□轻微　□无						
评分	1	2	3	4	5	6	7	8	9	10	11	12	13	14	15	总分
易发程度	□易发　□中等　□不易发					泥石流类型				□泥流　□泥石流　□水石流						
发展阶段	□形成期　□发展期　□衰退期　□停歇或终止期															
监测建议	□雨情　□泥位　□专人值守															
防治建议	□群测群防　□专业监测　□搬迁避让　□工程治理								隐患点				□是　□否			
群测人员				村长				电话				防灾预案			□有　□无	
示意图																

调查负责人：　　　　　填表人：　　　　　审核人：　　　　　填表日期：　　年　　月　　日

调查单位：

表 B.4-3 泥石流沟严重程度(易发程度)数量化表

序号	影响因素	权重	量级划分							
			严重(A)	得分	中等(B)	得分	轻微(C)	得分	一般(D)	得分
1	X崩塌滑坡及水土流失(自然和人为的)的严重程度	0.159	崩塌滑坡等重力侵蚀严重,多深层滑坡和大型崩塌,表土疏松,冲沟十分发育	21	崩塌滑坡发育,多浅层滑坡和中小型崩塌,有零星植被覆盖,冲沟发育	16	有零星崩塌、滑坡和冲沟存在	12	无崩塌、滑坡、冲沟或发育轻微	1
2	泥沙沿程补给长度比/%	0.118	>60	16	60～30	12	30～10	8	<10	1
3	沟口泥石流堆积活动	0.108	河形弯曲或堵塞,大河主流受挤压偏移	14	河形无较大变化,仅大河主流受迫偏移	11	河形无变化,大河主流在高水偏,低水不偏	7	无河形变化,主流不偏	1
4	河沟纵坡/度,‰	0.090	>12°(213)	12	12°～6°(213～105)	9	6°～3°(105～52)	6	<3°(52)	1
5	区域构造影响程度	0.075	强抬升区,6级以上地震区	9	抬升区,4～6级地震区,有中小支断层或无断层	7	相对稳定区,4级以下地震区,有小断层	5	沉降区,构造影响小或无影响	1
6	流域植被覆盖率/%	0.067	<10	9	10～30	7	30～60	5	>60	1
7	河沟近期一次变幅/m	0.062	>2	8	2～1	6	1～0.2	4	<0.2	1
8	岩性影响	0.054	软岩、黄土	6	软硬相间	5	风化和节理发育的硬岩	4	硬岩	1
9	沿沟松散物储量/(10⁴m³/km²)	0.054	>10	6	10～5	5	5～1	4	<1	1
10	沟岸山坡坡度度/‰	0.045	>32°(625)	6	32°～25°(625～466)	5	25°～15°(466～286)	4	<15°(268)	1
11	产沙区沟槽横断面	0.036	"V"形谷,谷中谷,"U"形谷	5	拓宽"U"形谷	4	复式断面	3	平坦型	1
12	产沙区松散物平均厚度/m	0.036	>10	5	10～5	4	5～1	3	<1	1
13	流域面积/km²	0.036	<5	5	5～10	4	10～100	3	>100	1
14	流域相对高差/m	0.030	>500	4	500～300	3	300～100	3	<100	1
15	河沟堵塞程度	0.030	严	4	中	3	轻	2	无	1

表 B.5-1 地面塌陷(潜在地面塌陷)调查表

统一编号：　　　　　　　　　　　　　　　　　　　　　　　　　地面塌陷情况：□地面塌陷　　□潜在地面塌陷

名称						地理位置	省　　县(市)　　乡　　村　　社				
编号		野外：					坐标	经度：　　X：			标高
		室内						纬度：　　Y：			

<table>
<tr><th rowspan="10">发育特征</th><th colspan="2">陷坑单体</th><th>坑号</th><th>形状</th><th>坑口规模/m²</th><th>深度/m</th><th>变形面积/m²</th><th>规模等级</th><th>长轴方向</th><th>充水水位深/m</th><th>水位变动/m</th><th>发生时间</th><th>发展变化</th></tr>
<tr><td colspan="2" rowspan="3"></td><td>1</td><td>□圆形
□方形
□短形
□不规则形</td><td></td><td></td><td></td><td>□巨型
□大型
□中型
□小型</td><td></td><td></td><td></td><td></td><td>□停止
□尚在发展</td></tr>
<tr><td>2</td><td></td><td></td><td></td><td></td><td></td><td></td><td></td><td></td><td></td><td></td></tr>
<tr><td>3</td><td></td><td></td><td></td><td></td><td></td><td></td><td></td><td></td><td></td><td></td></tr>
<tr><td rowspan="4">陷坑群体</td><td rowspan="4">坑数</td><td colspan="11">分布、发育及发生发展情况</td></tr>
<tr><td>分布面积/km²</td><td>排列形式</td><td colspan="2">长列方向</td><td colspan="3">坑口口径/m</td><td colspan="3">坑的深度/m</td></tr>
<tr><td></td><td>□群集式
□长列式</td><td colspan="2"></td><td colspan="2">最小</td><td>最大</td><td></td><td colspan="2">最小</td><td>最大</td></tr>
<tr><td>始发时间</td><td>盛发开始时间</td><td colspan="2">盛发截止时间</td><td colspan="3">停止时间</td><td colspan="3">尚在发展情况
□趋增强　□趋减弱</td></tr>
<tr><td rowspan="3">伴生裂缝</td><td rowspan="3">单缝特征</td><td>缝号</td><td>形态</td><td>延伸方向</td><td>倾向/°</td><td>倾角/°</td><td>长度/m</td><td>宽度/m</td><td>深度/m</td><td colspan="2">性质</td></tr>
<tr><td>1</td><td>□直线
□折线
□弧线</td><td></td><td></td><td></td><td></td><td></td><td></td><td colspan="2">□拉张
□平移
□下错</td></tr>
<tr><td>2</td><td></td><td></td><td></td><td></td><td></td><td></td><td></td><td colspan="2"></td></tr>
</table>

<table>
<tr><th rowspan="4">伴生裂缝</th><th rowspan="4">群缝特征</th><th rowspan="4">缝数</th><th colspan="8">分布、发育及发生发展情况</th></tr>
<tr><td rowspan="2">分布面积/km²</td><td rowspan="2">间距/m</td><td rowspan="2">排列形式</td><td rowspan="2">产状</td><td rowspan="2">阶步指向</td><td colspan="3">缝的规模</td></tr>
<tr><td>长</td><td>宽</td><td>深</td></tr>
<tr><td></td><td></td><td>□平行
□斜列
□环围
□杂乱无章</td><td></td><td></td><td colspan="3">最小

最大</td></tr>
</table>

塌陷区地貌特征		□平原　　山间凹地　　河边阶地　　山坡　　□山顶		
成因类型		□岩溶型塌陷	□土洞型塌陷	□冒顶型塌陷
地质环境条件		塌陷地层时代及岩性： 岩层产状： 断裂情况： 溶洞发育情况： 岩层总体发育程度：□强□弱 塌顶溶洞埋深/m：	塌陷土层结构及土性： □单层 土性：　　厚度/m： □双层 上部土性： 厚度/m： 下部土性： 厚度/m： 下伏基岩时代及岩性：	塌陷岩土层时代及岩性： 土层时代： 土性：　　厚度/m： 岩层时代： 岩性：　　厚度/m：
		地下水位埋深/m：	地下水位埋深/m：	地下水位埋深/m：
形成条件	诱发动力因素	□地震 □其他振动 □地面加载 □水库蓄水 □其他水位骤变 □溶蚀剥蚀	□深井抽水 　井位在塌陷区的方向： 　距离/m： 　抽水降深/m： 　日出水量/m³： □江河水位变化 　河边在塌陷区的方向： 　距离/m： 　水位变幅/m： □地面加载 □振动	□坑道挖掘顶板冒落 □洞室顶部破碎岩(土)体地下水流强烈下泄 矿层厚度/m：　，开采时间： 开采厚度/m：　，开采深度/m： 开采方法： 工作面推进速度/m/d： 采出量/m³： 顶板管理方法： 重复采动：□是　□否 采空区形态： 采空区规模/m³：

表 B.5－2 地面塌陷(潜在地面塌陷)调查表

		已有灾害损失	潜在灾害预测	
灾害情况		毁田/亩： 毁房/间： 阻断交通：□铁路/m； □公路/m； □通信/小时；	陷坑发展预测	潜在损害预测
		地面水源枯竭 □河水流量减少/m³/S □断流/m³/S □井泉水流量减少/m³/S； □水位降低/m； □干枯	新增陷坑/个： 扩大陷区/km²：	毁田/亩： 毁房/间：
		地下井巷突水 □水量增大/m³/S； □成灾损失/万元： □淹井损失/万元；	出现新陷区/处：	断路/小时：
		掩埋地面物资：	面积/km²：	其他：
	死亡人口/人	直接损失/万元	威胁人口/人	威胁财产/万元
	灾情等级：□特大型 □大型 □中型 □小型		险情等级：□特大型 □大型 □中型 □小型	
防治情况	已采取的防治措施及效果		今后防治建议	
隐患点	□是 □否		防灾预案	□有 □无
群测人员		村长		电话
示意图	平面图			
	剖面图			

调查负责人： 填表人： 审核人： 填表日期： 年 月 日
调查单位：

填表说明：
1. 此表按第一塌陷区填写一张。同一调查点(村、组、矿山等)有多个分离的塌陷区者,应分别填写。
2. 每一塌陷区的填写代表性陷坑1～3个;有2个以上陷坑者,须填写陷坑群体特征。
3. 情况符合"□"后面文字内容者,在"□"中打"√";其他描述用文字填写。

表 B.6-1 地裂缝调查表

统一编号：

名称									地理位置	省　　县(市)　　乡　　村　　社				
野外编号										坐标	经度：　　　X：		标高/m	
室内编号											纬度：　　　Y：			

发育特征	单缝特征	缝号	形态	延伸方向	倾向	倾角/°	长度/m	宽度/m	深度/m	规模等级	性质	移位	填充物	出现时间及活动性
		1	□直线 □折线 □弧线	N	S N					□巨型 □大型 □中型 □小型	□拉张 □平移 □下错	方向： 距离：		年月日 □停止 □仍有活动
		2												
		3												
	群缝特征	缝数		分布、发育情况						发生发展情况				
				排列形式		缝的规模			始发时间	盛发时间		停止时间	尚在发展情况	
			面积/km² ： 间距/m ：	□平行 产状： 阶步指向： □斜列 产状： 阶步指向： □环围 圆心位置： □杂乱无章		长/m： 至 宽/m： 至 深/m： 至			年 月 日 至 年 月 日	年 月 日 至 年 月 日		年 月 日	□趋增强 □趋减弱	

规模等级		□巨型　□大型 □中型　□小型		成因类型	□地下开挖引起　　□抽排地下水引起 □地震和构造活动引起　□胀缩土引起			

形成条件	地质环境条件	裂缝区地貌特征：□山顶　□山坡　□山脚　□平原 裂缝与山脊、山坡、山脚或平原土坎的走向关系：□平行　□横交　□斜交			
		裂缝(受裂)巨岩土层 时代： 岩性：	受裂土层时间： 土性： 下伏层时间： 岩性：	受裂岩土层 时代： 岩性：	胀缩土特征 膨胀性：□强 □中 □弱 含水量/%：
		裂缝区构造断裂 1组： 走向　倾向　倾角 2组： 走向　倾向　倾角	岩层中的主要断裂产状： 土层中有无新断裂及其产状：	主要构造断裂产状 1组： 走向　倾向　倾角 2组： 走向　倾向　倾角	有无新的构造断裂及其产状：

表 B.6-2 地裂缝调查表

统一编号：

形成条件	引发动力因素	□地下洞室开挖	□抽排地下水	□地震	□水理作用
		洞室埋深/m： 洞室规模： 长/m： 宽/m： 高/m： 与裂缝区位置关系： 开挖时间： 开挖方式： 开挖强度：	□井 □钻孔 □坑道 井深或坑道埋深/m： 水位水量： 日出水量： 与裂缝区的位置关系： 抽排水时间： □始于 年 月 日 □止于 年 月 日 □仍在继续	烈度： 发生时间： 　年 月 日 □断层活动 活动断层的位置： 产状： 长度： 性质： 活动时间： 活动速率： 断距：	□降雨 □水库水 □地表水 □地下水 作用时间： 水质/pH： □开挖卸荷作用 开挖时间： 方式： 深度： □其他作用引起的干湿变化

灾害情况	已有灾害损失		潜在灾害预测	
	毁房/间： 阻断交通/处： 小时：		裂缝发展预测	潜在损失预测
	死亡人口/人	直接损失/万元	□缝数增多 □原有裂缝加大 □活动强度增加	威胁毁房/间： 威胁交通/处：
				威胁人口/人 ｜ 威胁财产/万元
	灾情等级	□特大型 □大型 □中型　□小型	险情等级	□特大型 □大型 □中型　□小型

防治情况	已采取的防治措施及效果	今后防治建议

示意图	平面图
	剖面图

调查负责人：　　　填表人：　　　审核人：　　　填表日期：　年　月　日
调查单位：

填表说明：
1. 此表按第一裂缝区填写一张。同一调查点（村、组、矿山等）有多个分离的裂缝区者，应分别填写。
2. 每一裂缝区填写代表性单缝1~3条；有2条以上裂缝者，须填写群缝（组合发育）特征。
3. 情况符合"□"后面文字内容者，在"□"中打"√"；其他描述用文字填写。

表 B.7 地面沉降调查表

统一编号：

名　称						发生时间		
野外编号					室内编号			
地理位置		省　　县(市)　　乡　　村　　社				沉降类型		
	坐　标	X:						
		Y:						
	经纬度	经度:			沉降中心位置	行政区域		
		纬度:				经纬度	经度:	
							纬度:	
沉降规模								
沉降区面积/km²		年平均沉降量/mm			历年累计沉降量/mm		平均沉降速率/(mm/a)	
地形地貌								
地质构造及活动情况								
第四系覆盖层岩性、厚度、结构、空间变化规律、水文地质特征与主要沉降层位								
沉降区地下水概况								
年开采量/(m³/a)		年补给量/(m³/a)		地下水埋深/m		年水位变化幅度/m		其他
引发沉降原因、变化规律								
沉降现状及发展趋势								
主要危害及经济损失								
治理措施及效果								

调查负责人：　　　　　填表人：　　　　审核人：　　　　　　填表日期：　　年　月　日

调查单位：

附 录 C
（规范性附录）
村(居民点)地质灾害调查情况统计表

调查单位				调查时间			
居民点名称	行政区划		经度	纬度		面积/km²	人口/人
地质灾害调查基本情况							
地质灾害点		总数	滑坡	崩塌	泥石流	地裂缝	地面塌陷	其他
	死亡人数/人				直接经济损失/万元			
	地质灾害点野外编号：							
地质灾害隐患点		总数	不稳斜坡	潜在滑坡	潜在崩塌	潜在泥石流	潜在地面塌陷	其他
	威胁人口/人				威胁财产/万元			
	地质灾害隐患点野外编号：							
群测群防点/个			专业监测点/个			防灾预案点/个		
地形地貌：								
地质环境背景条件：								
备注：								

调查负责人：　　　　填表人：　　　审核人：　　　　　　填表日期：　　年　　月　　日

调查单位：

T/CAGHP 017—2018

附 录 D
（规范性附录）
成果报告编写提纲

D.1 序言

成果报告的序言应包括项目目的任务、交通位置与经济社会发展概况、地质灾害灾情、以往调查工作程度、本次调查工作部署和方法，以及完成的工作量及质量评述；填写《县（市）地质灾害调查情况统计表》（附录G）。

D.2 自然地理与地质环境

本部分应围绕地质灾害的成生条件对自然地理与地质环境进行论述，论述内容应包括地形地貌、气象与水文特征、地层岩性、地质构造、新构造活动与地震、岩（土）体工程地质基本特征，以及地下水类型与补、径、排特征和人类工程活动等。

D.3 地质灾害分布与特征

本部分内容应包括已发生的地质灾害发育类型、分布、规模、特征、危害程度、形成条件及影响因素。

D.4 地质灾害隐患点危险性评价

本部分内容应包括地质灾害隐患点的类型、分布、稳定状态、潜在危害程度；对于特大型和大型地质灾害隐患点应进行危险性评价。

D.5 地质灾害易发区划分

本部分内容应包括分区的原则、方法、要求和分区评价。

D.6 地质灾害经济损失评估

本部分内容应包括评估原则、要求与方法；各灾种（或主要灾种）经济损失现状评估与预测评估；地质灾害及其隐患的灾情与险情分级评价标准见表13。

现状评估是指已发生地质灾害所造成的人员伤亡数和直接经济损失数的统计。直接经济损失评估采用统一价格折价法，即各省（自治区、直辖市）采用经访问的大部分县（市）物价的算术平均值作为本省（自治区、直辖市）经济损失评估的统一计算单价，据此进行统一计算。参与统计的经济因子包括土地（包括农田、林地、果地、牧场等）、牲畜、房屋、公路、铁路、桥梁、管道、渠道、涵洞、输电线路、电站、厂矿、学校、机关及公共设施等。

预测评估应在概要论述地质灾害危险性初步评价的基础上，对各区地质灾害隐患点所威胁人数和潜在经济损失数进行分析预测。

D.7 地质灾害防治建议

本部分内容应包括防治目标与要求（包括总体与分期）；防治分区的划分与评价；重点防治的灾

害种类和重点防治的城镇、重要居民点及重要工程设施;地质灾害隐患点的监测、搬迁避让和治理的分期安排建议,特大型和大型地质灾害隐患点的专业监测建议;群专结合的群测群防系统建设与运行方案和地质灾害防治管理方面的建议等。

B.8 结论

本部分内容应包括本次调查工作的主要成果,工作质量综述,防灾减灾效益评述,合理利用地质环境、防治地质灾害的措施建议,下一步工作建议等。

附 录 E
（规范性附录）
防治区划报告编写提纲

E.1 地质灾害现状、发展趋势预测与防治工作进展

本部分内容应包括地质灾害的分布、规模、数量、影响，地质灾害威胁的对象，未来一段时期地质灾害的发展变化规律，地质灾害防治工作取得的主要成绩和存在的突出问题。

E.2 地质灾害的防治原则和目标

本部分主要内容应包括当地国民经济建设与社会发展对地质灾害防治的要求、防治原则、防治目标。

E.3 地质灾害易发区和重点防治区

本部分主要内容应包括易发区划分的原则和方法、易发区分区评述，重点防治区划分原则和方法、重点防治区分区评述。

E.4 地质灾害防治方案

本部分主要内容应包括总体部署和主要任务、地质灾害隐患点防治分期安排建议、宜避让搬迁的方案、需工程治理的方案、群测群防网络与专业监测建设方案、群测群防系统建设方案。

E.5 预期效果

本部分主要内容应包括期望达到的地质灾害防灾减灾水平与效益。

E.6 实施防治规划的保证措施

本部分主要内容应包括加强法制建设和行政管理工作、加强科普教育宣传工作、建立稳定的资金投入机制、坚持群专结合及采取综合防治措施等。

附 录 F
（规范性附录）
地质灾害隐患点防灾预案表

名　称				地理位置	省　县(市)　乡　村　社		
野外编号					坐标	X： Y：	
统一编号						经度： 纬度：	
隐患点类型			规模及规模等级				
威胁人口/人		威胁财产/万元		险情等级		曾经发生灾害时间	年　月　日
地质环境条件							
变形特征及活动历史							
稳定性分析							
引发因素							
潜在危害							
临灾状态预测		监测方法		监测周期			
监测责任人		电话		群测群防人员		电话	
报警方法		报警信号		报警人		电话	
预定避灾地点		人员撤离路线					
防治建议							
人员撤离路线示意图：							

附 录 G
（规范性附录）
县(市)地质灾害调查情况统计表

调查单位				调查时间			
省名	县名	面积/km²	人口/万人	乡镇/个	行政村/个	自然村/个	国民生产总值/万元
地质灾害调查基本情况							
调查面积/km²		调查乡镇/个		调查行政村/个	调查自然村/个		调查路线/km
地质灾害点	总数	滑坡 || 崩塌	泥石流	地裂缝	地面塌陷	其他
	死亡人口/人				直接损失/万元			
地质灾害隐患点	总数	不稳斜坡 || 潜在滑坡	潜在崩塌	潜在泥石流	潜在地面塌陷	其他
	威胁人口/人				威胁财产/万元			
群测群防点/个			专业监测点/个		防灾预案点/个		
备注：							

调查负责人：　　　填表人：　　　审核人：　　　填表日期：　　年　　月　　日

调查单位：